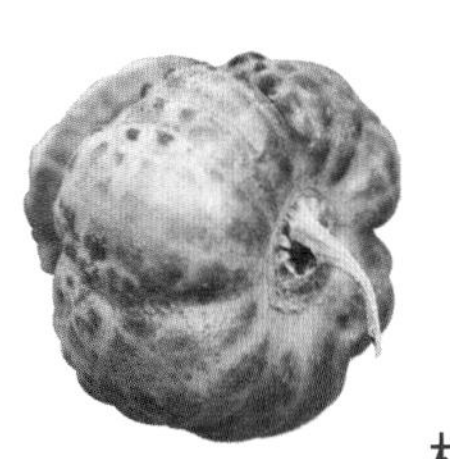

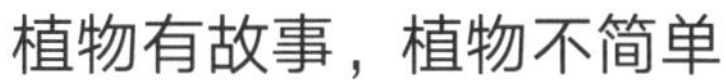

植物有故事，植物不简单

热带植物有故事

海南篇

珍稀林木 · 香料饮料 · 南药 · 棕榈 · 水果 · 花卉

崔鹏伟 张以山等 / 主编

首批全国优秀出版社

中国农业出版社
农村读物出版社

图书在版编目（CIP）数据

热带植物有故事. 海南篇. 南药 / 崔鹏伟，张以山主编. — 北京：中国农业出版社，2022.8
ISBN 978-7-109-30576-2

Ⅰ. ①热… Ⅱ. ①崔… ②张… Ⅲ. ①热带植物－海南－普及读物 Ⅳ. ①Q948.3-49

中国国家版本馆CIP数据核字（2023）第057296号

热带植物有故事 · 海南篇　南药
REDAI ZHIWU YOU GUSHI · HAINAN PIAN　NANYAO

中国农业出版社出版
地址：北京市朝阳区麦子店街18号楼
邮编：100125
特邀策划：董定超
策划编辑：黄　曦　　　责任编辑：黄　曦
版式设计：水长流文化　　责任校对：吴丽婷
印刷：北京中科印刷有限公司
版次：2022年8月第1版
印次：2022年8月北京第1次印刷
发行：新华书店北京发行所
开本：710mm × 1000mm　1/16
总印张：28
总字数：530千字
总定价：188.00元

编委会

主　　编： 崔鹏伟　张以山

副 主 编： 王祝年　朱安红

参编人员： 于福来　王清隆　王茂媛　晏小霞　羊　青
黄　梅　元　超　王　丹　李英英　赵云卿

前 言

PREFACE

海南植物有故事

我国是世界上植物资源最为丰富的国家之一，约有 30 000 种植物，占世界植物资源总数的 10%，仅次于世界植物资源最丰富的马来西亚和第二位的巴西，居世界第三位，其中裸子植物 250 种，是世界上裸子植物种类最多的国家。

海南植物种类资源丰富，已发现的植物种类有 4 300 多种，占全国植物种类的 15% 左右，有近 600 种为海南特有。花卉植物 859 种，其中野生种 406 种，栽培种 453 种，占全国花卉植物种类的 10.8%；果树植物 300 多种（包括变种、品种和变型），占全国果树植物种类的 8.5%；《海南岛香料植物名录》记载香料植物 329 种，占全国香料植物种类的 25.3%；药用植物 2 500 多种（有抗癌作用的植物 137 种），占全国药用植物种类的 30% 左右；棕榈植物 68 种，占全国棕榈植物种类的 76.4%。

在众多植物资源中，许多栽培历史悠久的经济作物，生产的产品包括根、茎、叶、花、果等，不仅具有较高的营养价值和药用价值，还具有很高的观赏、生态和文化价值。古籍典故和不少诗词中，都有关于植物的记载。

中国热带农业科学院为农业农村部直属科研单位，长期致力于热带农业科学研究，在天然橡胶、热带果树、热带花卉、香料饮料、南药、棕榈等种质资源收集、创新利用中取得了显著的科研成果，对发展热带农业发挥了坚实的科技支撑作用。为保障我国战略物资供应和重要农产品有效供给、繁荣热区经济、保障热区边疆稳定、提高农民生活水平，做出了卓越贡献。

为更好地宣传普及热带植物的知识，中国热带农业科学院组织专家编写了《热带植物有故事 · 海南篇》（花卉、水果、南药、香料饮料、棕榈、珍稀林木）。

本套书共六分册，收集了热带地区具有故事性的热带植物品种近两百种，每个品种分植物的基本概况、与植物相关的文化故事两个主题进行编写，以植物品种介绍为基础，图文并茂，并附赠科普小视频，能够让广大读者更直观地认识各种热带植物，了解更多的与植物相关的文化故事，是一套颇具知识性、趣味性的热带植物科普读物，具有较高的学习价值和参考价值。

刘旭

2022 年 8 月

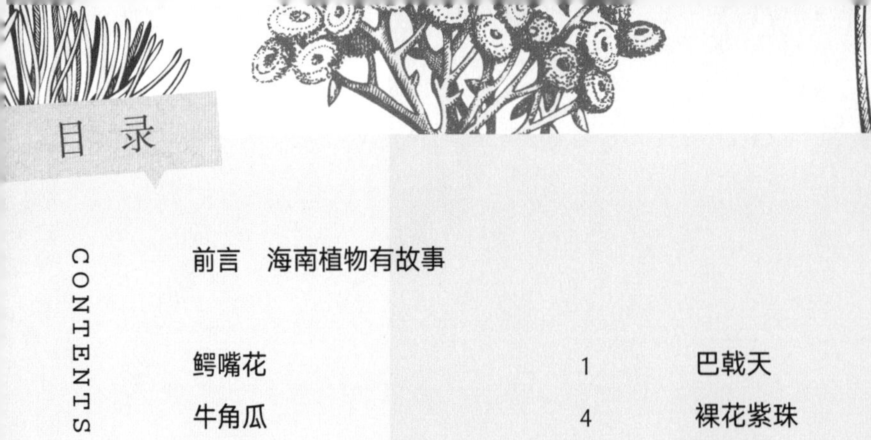

目录

CONTENTS

鳄嘴花

Clinacanthus nutans (Burm. F.) Lindau

扫描二维码
了解更多

一 植物档案

鳄嘴花别称青箭、柔刺草、忧遁草，为爵床科鳄嘴花属草本植物，呈直立或攀缘状，广布于中南半岛、马来半岛、爪哇、加里曼丹，主产于我国热带雨林地区，海南、云南、广西、广东等地均有分布，生于低海拔疏林中或灌丛内。鳄嘴花是重要的珍稀药材之一，全株均可入药，味甘、微苦，辛；有调经、消肿、去瘀、止痛、接骨之效，可治跌打、贫血、黄疸、风湿等病症。研究发现鳄嘴花是一种无毒的野菜，其类黄酮物质含量丰富，还有多种人体所必需的矿物质、维生素、氨基酸等，据报道，鳄嘴花对癌症也有一定的治疗效果。马来西亚民间癌症患者发现食用当地鳄嘴花的叶、茎对癌症有一定治疗功效。

二 植物有故事

黎族是中国古老的少数民族之一，黎族先民也是海南岛的原住居民，自古以来就在这片热土上繁衍生息。《山海经》称黎族先民为“儋耳”，而“黎族”这一称呼始于唐朝，宋代得以固定下来并延续至今。黎药有悠久的历史，黎王草最早是黎族人进贡给黎王的高级野菜，鳄嘴花就有着“黎王草”的称号，因其具有很高的食用及药用价值，被誉为“黎家三宝”之一。海南五指山有大片的种植基地，人们将其应用于医药，几乎家家户户都会在房前屋后种植一些。种植它们并不是为了观赏，而是为了泡茶、煲汤、治疗刀伤及用于接骨等。在印度尼西亚，鳄嘴花被民众称之为“Sambung nyawa”，意思就是延续生命的救命草。

牛角瓜

Calotropis gigantea (L.) W. T. Aiton

扫描二维码
了解更多

一 植物档案

牛角瓜别称哮喘树、大皇冠花、五狗卧花心，为夹竹桃科牛角瓜属直立灌木。国外分布于印度、斯里兰卡、缅甸、越南和马来西亚等，国内分布于海南、云南、四川、广西、广东等省（自治区），常生长于低海拔向阳山坡、旷野地及海边。植株高达 3 米，全株具丰富乳汁，果实状如牛角，故名曰“牛角瓜”。其副花冠酷似 5 只小狗，形象逼真。牛角瓜的茎皮纤维可供造纸、制绳索及人造棉、麻布、麻袋等；种毛可作丝绒原料及填充物。茎叶的乳汁有毒，含多种强心苷，供药用，治皮肤病、痢疾、风湿、支气管炎等；树皮可治癫痫。乳汁干燥后可用作树胶原料，还可制鞣料及黄色染料。牛角瓜全株有毒，人畜误食后中毒症状为呕吐、下泻，有些会发生严重的腹痛和肠炎，甚至死亡。

二 植物有故事

相传在北宋时，宰相王安石曾有“明月当空叫，五狗卧花心”的诗句，说的是一种鸟——明月鸟，还有一种花——五狗卧花心。某日王安石吟诵了这两句诗，写完后搁在桌上，上朝去了。苏东坡恰好此时到府上参拜宰相，见了这两句诗，觉得这诗，事理不通。明月只能当空照，五只狗怎能卧花心？于是，他便将“叫”字改为“照”，将“心”改为“荫”，改成“明月当空照，五犬卧花荫”。后来，东坡被贬到儋州，有一天，他看见一双五色雀当空叫，便向当地黎民请教，得知此雀就叫明月鸟；又有一次，他在旷野看到一种植物，有 5 枚副花冠裂片甚似 5 只小狗围蹲在一起，果然有似五狗卧花心的花。这时，他才恍然大悟，认识到自己的错误。这个故事可能是无法证实的传说，但五狗卧花心却是确有其物。海南人称它为狗仔花，开满海南东坡书院，后人还为它树碑立传，构成海南的人文趣景。

两面针

Zanthoxylum nitidum (Roxb.) DC.

扫描二维码
了解更多

一 植物档案

两面针别称钉板刺、入山虎、麻药藤，为芸香科花椒属植物，幼龄植株为直立的灌木，成龄植株为木质藤本。产于我国台湾、海南、福建、广东、广西、云南、贵州等地，见于海拔 800 米以下的温热地方。两面针的叶常两面有刺；茎枝及叶轴均有弯钩锐刺，粗大茎干上部的皮刺基部呈长椭圆形枕状凸起，位于中央的针刺短且纤细；根茎黄色、横生且有牛角状分叉。两面针以根、茎、叶、果皮入药，通常用根。两面针富含多种生物碱类、黄酮类等活性成分，有活血、散瘀、镇痛、消肿等功效。民间用作跌打扭伤药，亦作驱蛔虫药。局部应用时，对神经末梢有麻醉作用，对胃痛或关节肌肉痛有缓解作用。

二 植物有故事

两面针在《神农本草经》中记载为“蔓椒”，明《本草纲目》记载“此椒蔓生……蔓椒野生林箐间。枝软如蔓……”清《本草求原》中记载为“入地金牛”，明确指出根皮色黄，形似牛角。广西地方志《武宣县志》记载“两面针，似花椒，而叶上下皆有针”。历代本草记载两面针以茎、根为主要药用部位，也有用叶、果实者。如《本草纲目》中记载“……子、叶皆似椒，山人亦食之”“通身水肿，用枝叶煎汁，熬如饧状，每空心服一匙，日三服”。《重修成都县志》记载“蔓椒，名狗矢椒，实黑色，叶可为蔬，根、株亦可入药”。现代收载两面针的中药著作近百部，综合整理后发现，各著作中记载的药用部位多样，以茎和根为主。

红豆蔻

Alpinia galanga (L.) Willd.

扫描二维码
了解更多

一 植物档案

红豆蔻别称红蔻、大良姜、大高良姜，为姜科山姜属植物。分布于亚洲热带地区，我国主产于海南、云南、广东、广西等省（自治区）。其植株高达 2 米，根茎块状，稍有香气。花绿白色，有异味，果长圆形，熟时色常枣红色，平滑或

略有皱缩，质薄，不开裂，手捻易破碎。其主要成分为挥发油类、黄酮类、二苯庚烷类化合物，果实供药用，称红豆蔻，有去湿、散寒、醒脾、消食的功用。根茎亦供药用，称大高良姜，味辛，性热，能散寒、暖胃、止痛，用于胃脘冷痛，脾寒吐泻。

二 植物有故事

“豆蔻年华”常用来形容娉婷少女的美好青春，来源于唐代杜牧《赠别》一诗，意为花小色艳可人，妙龄少女稚嫩而美。诗云：娉娉袅袅十三余，豆蔻梢头二月初。明代李时珍云：“豆，象形也；凡物盛多曰蔻。豆蔻之名，或取此义。”以“豆蔻”为名的中药有四味，即白豆蔻、草豆蔻、红豆蔻和肉豆蔻，四药均富含挥发油，具有芳香之气，性温而作用于中焦。

海南重楼

Paris dunniana H. Lév.

一 植物档案

海南重楼别称七叶一枝花，为藜芦科重楼属植物。产于我国海南、贵州、云南，越南也有分布。常生长于山区山坡、林下或溪边湿地。叶多排成一轮，生于茎顶端，单花顶生，植株似有两层，故名“重楼”。李时珍《本草纲目》载有“七叶一枝花，深山是我家。痈疽如遇者，一似手拈拿”，由此可知它的疗效。中医认为，七叶一枝花有小毒，苦、寒，入肝经，有清热解毒、凉肝定惊之效，适用于多种热毒疮疡、咽喉肿痛、痄腮、毒蛇咬伤、惊痫、高热神昏等治疗。主要功效成分为皂苷类，尤以重楼皂苷Ⅶ为主。

二 植物有故事

传说在很久以前，山下住着一个青年，以砍柴为生。一天，他在砍柴时，草丛中突然窜出一条毒蛇，他还未及躲避，小腿就被蛇狠狠咬了一口，不一会儿，他就昏迷在地。说来也巧，这时天上的七仙女正好脚踏彩云经过，看到了昏倒的青年，便动了恻隐之心，她们将他围成一圈，纷纷取出随身携带的罗帕盖在他的伤口四周。更巧的是，王母娘娘这时也驾祥云到此，看到了青年和女儿们的罗帕，明白了一切，于是随手拔下头上的碧玉簪，放在 7 块罗帕的中央。或许是伤口感受到了罗帕和碧玉簪的仙气，蛇毒很快就消散了。青年苏醒的一瞬间，他听到“嗖”的一声，罗帕和碧玉簪一起落在了地上，即刻变成了 7 片翠叶托着一朵金花的野草，这便是后来的七叶一枝花。

海南龙血树

Dracaena cambodiana Pierre ex Gagnep.

一 植物档案

海南龙血树别称龙血树、不老松、山铁树，为天门冬科龙血树属植物。海南龙血树是一种生长缓慢，耐干旱的喜阳植物，国内分布于海南岛西南部的内陆山区及南部沿海地区，多生长于林中或干燥沙壤土上；国外分布于越南、柬埔寨等国。海南龙血树是国家二级重点保护植物和稀有濒危保护植物。其茎干树皮割破后会流出暗红色的树脂，看上去像血液一样，俗称“龙血”，能提取一种名贵的中药“血竭”，有活血化瘀、消肿止痛、收敛止血等良好功效。血竭既可内服，又可外用，是治疗跌打损伤、活血、止血的特效药。

二 植物有故事

“福如东海长流水，寿比南山不老松”是中国人为长辈祝寿常用的对联，其中的“南山不老松”指的就是龙血树。其树龄可长达8 000至10 000年，是当今世上名副其实的植物界“寿星”，也是延年益寿、福运吉祥的象征。龙血树受伤后会流出一种血色的液体。民间传说，血色液体是龙血，因为龙血树是在巨龙与大象交战时，血洒大地而生出来的，这便是龙血树名称的由来。

Dracaena cambodiana Pierre ex Gagnep.　海南龙血树

广东金钱草

Desmodium styracifolium (Osbeck) Merr.

扫描二维码
了解更多

一 植物档案

广东金钱草别称金钱草、铜钱沙、广金钱草，为豆科山蚂蟥属直立亚灌木状草本。产于我国海南、广东、广西、云南等地，印度、斯里兰卡、缅甸、泰国、越南、马来西亚等国也有分布。植株多分枝，幼枝密被白色或淡黄色毛，花冠紫红色，花、果期 6—9 月。广东金钱草全株供药用，是两广（广东、广西）地区大宗道地药材，主要化学成分包括黄酮类、生物碱、酚类、多糖、挥发油等，具有平肝火、清湿热、排石、利尿通淋等功效，可治肾炎浮肿、尿路感染、尿路结石、胆囊结石等。

二 植物有故事

2 000 多年前，一对勤劳的夫妇，生活过得红红火火。一天，丈夫突然腹上部疼痛难忍，高热不退，没过几天就去世了。一郎中路过，经同意，剖开死者疼处，见胆囊中有一石头堵塞胆口，知为此石头引起胆汁郁结发炎而亡。妇人因思念丈夫，将此块胆石用布袋盛挂腰间。一天，妇人在山上割野草喂猪，到家时发现其石化去一半，甚惊。问郎中，郎中问其缘由后，兴奋地说："胆石症有救了。"以后郎中便用此草救治结石症，效验神奇。此草叶形状似铜钱，于是取名"金钱草"。

红叶木槿

Hibiscus acetosella Welw. ex Ficalho

扫描二维码
了解更多

一 植物档案

红叶木槿别称丽葵、红叶槿、紫叶槿，为锦葵科木槿属植物。高 1 ~ 3 米，枝条直立，但伸长后常弯曲或倒伏下垂，全株红紫色。叶互生，3 浅裂或深裂，叶缘具疏锯齿。春末到夏、秋季开花，花瓣绯红色，喉部暗紫红。蒴果圆锥形，有毛。红叶木槿原产非洲，后经培育，被广泛种植观赏。其叶片中叶酸含量高，亦可作蔬菜食用。红叶木槿叶和根可供食用，叶和花泡茶饮用，叶等可药用。

二 植物有故事

红叶木槿，我国海南等南方地区有引种。株高 2~4 米，生长较快，扦插较易生根，株型与玫瑰茄相似，茎秆光滑无刺。整株呈红紫色，花大色艳，有较高的观赏价值。

美丽鸡血藤

Callerya speciosa (Champ. ex Benth.) Schot

扫描二维码
了解更多

一 植物档案

美丽鸡血藤别称牛大力、大力薯，为豆科鸡血藤属攀缘灌木或藤本植物。产于我国海南、福建、湖南、广东、广西、贵州、云南等地，越南也有分布。其树皮褐色，羽状复叶长 15 ～ 25 厘米；叶柄长 3 ～ 4 厘米，叶轴被毛；圆锥花序腋生，常聚集枝梢成带叶的大型花序，长达 30 厘米；花期 7—10 月，果期次年 2 月。美丽鸡血藤的根含丰富淀粉，可酿酒，又可入药，有通经活络、补虚润肺和健脾的功能。其为传统的药食两用植物，在我国南方被广泛用作煲汤原料，制作药膳、药酒等，补腰肾、强筋骨功效显著。早在 20 世纪 70 年代，美丽鸡血藤作为壮腰健肾丸、强力健身胶囊的原料，已用于中成药的生产。现代药理研究表明，美丽鸡血藤具有免疫调节、降血糖、抗氧化和清除自由基等功效。

二 植物有故事

关于美丽鸡血藤的别名“牛大力”，海口甲子镇流传着这么一个传说。相传，很多很多年前的甲子镇，宁静而美丽。有一年，一场突如其来的台风席卷了这里，树木皆被摧毁，眼看要收获的庄稼也变得颗粒无收，人们不得不忍饥挨饿。镇中有个善良的小阿哥，叫阿牛，与家中老牛相依为命。然而，粮食已被尽毁，人都吃不饱，何况牛。眼见老牛日渐体衰，阿牛心中悲痛，无奈只得将老牛赶出家门，希望它能在外面寻到食物，好好活下去。过了十几日，老牛突然回来，精神饱满，嘴中还衔着一截不知名的薯根。阿牛又惊又喜，将薯根熬煮后食用，发现其果然有着强身健体的奇效，遂跟随老牛外出寻找，在一地发现了满地的薯根。阿牛将薯根分给村民，帮助大家度过了饥荒。人们感念阿牛和老牛的恩德，遂将薯根命名为“牛大力”，当地也逐渐形成了吃牛大力补身体的习惯。

海滨木巴戟

Morinda citrifolia L.

一 植物档案

海滨木巴戟别称诺丽、海巴戟、海巴戟天，为茜草科巴戟天属灌木至小乔木。自印度和斯里兰卡，经中南半岛，南至澳大利亚北部，东至波利尼西亚等广大地区及其海岛均有分布；我国分布于海南、台湾。其树干通直，树冠秀雅，高 1 ～ 5 米；叶交互对生，长圆形、椭圆形或卵圆形，长 12 ～ 25 厘米；茎直，枝近四棱柱形；聚花核果浆果状，卵形，幼时绿色，熟时白色，如初生鸡蛋大，径约 2.5 厘米，果实可吃，花果期全年。其根、茎可提取橙黄色染料；皮含柚木醌二酚（Soranjidiol）、巴戟醌（Morindone），印度尼西亚民间作药用；根味苦，性凉，有清热解毒，强壮之效，可治痢疾、肺结核；鲜叶可捣敷溃疡，治刀伤；果实可治疗肠胃不适、血糖过高、高血压、气喘、咳嗽、肝肿胀、腹泻等症。

二 植物有故事

在太平洋东南部，有一个美丽的地方叫波利尼西亚群岛。那儿山清水秀，没有什么污染，是个养人的好地方。岛屿上的人均寿命居世界前列。特别奇特的是，岛上几乎找不到癌症患者。岛上的居民，无论在健康方面出了什么问题，比如发烧感冒等，他们都会去采摘一种当地人称为诺丽圣果的果子来吃，吃后病很快就好了。于是，他们把诺丽果奉若神明，称这种果子为“仙丹妙药”。

木蝴蝶

Oroxylum indicum (L.) Kurz

一 植物档案

木蝴蝶别称千层纸、千张纸、破故纸，为紫葳科木蝴蝶属直立小乔木。产于我国海南、台湾、福建、云南、广东、广西、四川、贵州。生于海拔 500 ～ 900 米热带及亚热带低丘河谷密林，常单株生长。在越南、老挝、泰国、柬埔寨、缅甸、印度、马来西亚、菲律宾、印度尼西亚（爪哇）也有分布。大型奇数羽状复叶着生于其茎干近顶端。总状聚伞花序顶生，粗壮，长 40 ～ 150 厘米。蒴果木质，常悬垂于树梢，长 40 ～ 120 厘米，宽 5 ～ 9 厘米。种子多数，周翅薄如纸，故有“千张纸”之称。其种子、树皮入药，可消炎镇痛，治心气痛、肝气痛、支气管炎及胃溃疡、十二指肠溃疡。

二 植物有故事

木蝴蝶，一听它的名字就让人想起夏日里翩翩飞舞的彩蝶们美丽的身影。关于木蝴蝶的来历还有一段动人的传说呢！那是在很久以前，在两个相邻的小山村里，住着两个家族：张姓家族和李姓家族。两个家族在很多年前就因为争地界而结仇。西村有一户以采药卖药为生的李姓人家，大家都叫他药师，药师家里有个美若天仙的姑娘，姑娘的名字也与她的容貌般美丽，叫蝴蝶。东村有个后生叫张木，不但长得虎背熊腰，如大山一般结实，还是远近闻名的猎手。这天天气晴朗，阳光明媚，蝴蝶姑娘背上小背篼上山采药，不知不觉就走得有些远了，进了深山，深山里的药不但多，还长势繁茂，姑娘很快便采了一大背篼，正准备往回转的时候，突然一声怒吼，一只吊睛白额大虎冲出来，直奔蝴蝶而来，蝴蝶才想起，自己只顾采到好药，忘了父亲“不要走得太远”的嘱咐。正在这千钧一发之际，一枝利箭直射进大虎的眼睛，大虎被杀死了。杀死大虎的后生便是东村的张木，就这样，一对年轻人相识了，后来又相爱了。

因为两村世代的怨仇，他们的爱情没办法得到父母乃至族长的认可，只能偷偷相爱着。西村的族长有个儿子，因爱慕蝴蝶的美丽，要娶她为妻，这桩让父母及其全族人都觉得风光的婚事就这样不费任何周折定了下来。娶亲那天是西村有史以来最为热闹的一天，全族人推杯换盏一片沸腾。深夜，新婚的蝴蝶趁大家都睡得迷迷糊糊，绕过烂醉如泥的丈夫，偷偷逃了出来，与村外等着她的张木一起，准备逃向远方。出村没走多远，他们就被举着火把追赶来的族人抓住了。全族的人愤怒了，都不能容忍村里最美丽的姑娘竟然要跟仇家的人私奔。按照族规，被五花大绑的蝴蝶和张木便在家族祠堂的院坝内被家法处置了。他们死后变成了像飞絮一样的半透明蝴蝶，那半透明的蝴蝶有些害怕人似的，飞进了一个长长的“皂荚”内躲了起来。传说那便是张木和蝴蝶的化身，后来人们便把这种长有长长“皂荚”一样的树叫木蝴蝶。

闭鞘姜

Cheilocostus speciosus (J. Koenig) C. D. Specht

扫描二维码
了解更多

一 植物档案

闭鞘姜别称雷公笋、广商陆、水蕉花，为闭鞘姜科闭鞘姜属草本。我国海南、广东、广西、云南等省（自治区）均有种植；生于疏林下、山谷阴湿地、路边草丛、荒坡、水沟边等处，热带亚洲广布。其株高 1 ~ 3 米，基部近木质，顶部常分枝，旋卷；叶片长圆形或披针形，长 15 ~ 20 厘米，宽 6 ~ 10 厘米，顶端渐尖或尾状渐尖；穗状花序顶生，长 5 ~ 15 厘米；花期 7—9 月，果期 9—11 月。其主要作鲜切花、干花和庭院绿化使用。因其红色革质状的穗状花序形状独特，极易制成干花，是良好的干花材料。将其丛植于庭院小区、公园、花坛等处，郁郁葱葱，亭亭玉立，极为雅致。闭鞘姜根茎有小毒，但可供药用，有利水消肿、解毒止痒等功效。

二 植物有故事

“我能想到最浪漫的事，就是和你一起慢慢变老……”闭鞘姜，开花时每次从下向上只开放两朵喇叭状白花，直至开到顶端花谢为止，它们就这样相依相伴，正如一对恩爱夫妻，白头偕老，同生共死。因此，它又叫“白头到老”。闭鞘姜成双成对的花是终生相伴的恩爱夫妻，诠释了这“最浪漫的事”。

白苞蒿

Artemisia lactiflora Wall. ex DC.

扫描二维码
了解更多

一 植物档案

白苞蒿别称四季菜、白花蒿、广东刘寄奴，为菊科蒿属植物，多年生草本。其主根明显，侧根细而长；根状茎短，叶纸质，头状花序长圆形，卵形；花柱细长，花药椭圆形，瘦果倒卵形或倒卵状长圆形；花果期 8—11 月。白苞蒿是亚洲亚热带与热带地区广泛分布的物种，在我国产于秦岭山脉以南的陕西、甘肃、浙江、福建、台湾、广东、广西等省（自治区）。全草入药，广东、广西民间作“刘寄奴”（奇蒿）的代用品，有清热、解毒、止咳、消炎、活血、散瘀、通经等作用，用于治肝、肾疾病，也用于治血丝虫病。

二 植物有故事

唐代医学家在《本草拾遗》一书中曾描写过这样一种草药，其“味苦，小温，无毒”，生于“四明诸山，冬夏常有。叶似升麻，方茎，山人取以为菜”。根据现代学者们对于《本草拾遗》的考证，发现这种植物就是白苞蒿。据说南朝刘宋的开国帝王刘裕，在外出狩猎时射伤一条巨蟒，等他带着大批人马去寻找这条巨蟒的踪迹时，发现一群身穿青衣的童子正在树林深处捣药，询问得知他们的王被箭射中，所以才需要外敷药。于是刘裕就命人将这些草药拿回了宫中，一旦他身体受外伤，就会使用这些草药，身体能奇迹般地痊愈，于是这种草药就被命名为“刘寄奴”。

草豆蔻

Alpinia hainanensis K. Schum.

扫描二维码
了解更多

一 植物档案

草豆蔻别称草蔻、草蔻仁、大草蔻，为姜科山姜属多年生高大草本植物。分布于海南、广东、广西等省（自治区）。其植株高达3米；叶片线状披针形，两边不对称，边缘被毛；果球形，直径约3厘米，熟时金黄色。杜牧诗“豆蔻梢头二月初”，豆蔻，在诗中是拿山姜属的草豆蔻做比喻，草豆蔻开出的花很美，杜牧以此形容少女。草豆蔻以干燥近成熟种子入药，具有燥湿行气，温中止呕的功效。用于寒湿内阻，脘腹胀满冷痛，嗳气呕逆，不思饮食。草豆蔻可作为食品调料、火锅料等。草豆蔻除具有药理作用外，其茎秆麻皮还可制作工艺品。

二 植物有故事

我国古代将少女比喻为豆蔻，在其他国家，豆蔻也有类似的“佳话”。如印度的喀拉拉邦就流传着这样的民间传说，农家妇女们在豆蔻开花时节，都要到地里去抚摸每株开花的豆蔻，否则豆蔻就不会结果。在印度北部的山区，婚礼上的新娘手腕系着一个很精巧的银质小壶，里面装有新郎父母赠予新娘的豆蔻。据说佩戴此物可除去心中一切烦恼，逢凶化吉，消除病灾。古埃及的妇女则喜欢点燃豆蔻，在具有神奇香味的烟雾中“熏浴”。

益智

Alpinia oxyphylla Miq.

一 植物档案

益智别称益智仁、益智子、小良姜，为姜科山姜属多年生草本植物。分布于海南及广东南部。其株高可达 3 米，茎丛生；根茎短，叶片披针形，总状花序；果实椭圆形，两端略尖，表面棕色或灰棕色。益智目前有中国热带农业科学院选育的“琼中 1 号”和“琼中 2 号”两个品种。益智果实供药用，有益脾胃、理元气、补肾虚滑沥的功用。治脾胃（或肾）虚寒所致的泄泻、腹痛、呕吐、食欲不振、唾液分泌增多、遗尿、尿频等症。

二 植物有故事

益智果实供药用，有益脾胃、理元气等功效。相传很久以前，有一员外。年过半百才得一子，取名来福。来福自小体弱多病，员外重金邀请天下名医为其医治，都没有效果。一天，一老道云游至此，向员外询问了孩子的情况后，拿起拐杖往南边一指，说："离此地八千里的地方有一种仙果，可以治好孩子的病。"并在地上画了一幅画，画中是一棵小树，小树叶子长得像羌叶，根部还长着几颗榄核状的果实。为医好儿子，员外一路跋山涉水，终于摘了一袋"仙果"。来福吃到此果后，身体一天比一天强壮，以前所有的症状都消失了，而且变得开朗活泼、聪颖可爱，他在十八岁那年参加了科举考试，高中状元。为了纪念这种果子，将其取名为"状元果"，同时也由于它能益智、强智，使人聪明，所以也叫它益智仁。

艾纳香

Blumea balsamifera (L.) DC.

扫描二维码
了解更多

一 植物档案

艾纳香别称大风艾、牛耳艾、冰片艾，为菊科艾纳香属多年生草本或亚灌木。广泛分布于我国海南、贵州、广西、广东、台湾、云南等省（自治区），印度、巴基斯坦、缅甸、泰国、中南半岛、马来西亚、印度尼西亚和菲律宾也有分布。其茎粗壮，直立；下部叶宽椭圆或长圆状披针形，上部叶长圆状或卵状披针形，无柄或有短柄；头状花序，花黄色；瘦果圆柱形，被密柔毛。全世界艾纳香属植物近110种，我国分布有30种，其中16种供药用。艾纳香以根、嫩枝、叶入药，具有祛风除湿、杀菌止痒、消肿散瘀等功效。艾纳香叶片中主要含挥发油、黄酮

等多种活性成分，因其含有丰富的左旋龙脑，所以成为该属中唯一可用于工业化提取冰片的物种，故有冰片艾之称。利用艾纳香生产冰片是我国医药学家发明的。早在 19 世纪已大量由此制取冰片，用于医疗和制墨工业。如今，艾纳香提取物在医药、食品、日化等领域广泛应用。

二 植物有故事

艾纳香是我国历史悠久的特色民族药。艾纳香作为传统民间草药，在我国黎族和苗族以及东南亚地区被用作祛风除湿、创伤修复等用。在海南的黎族妇女生完小孩后用它洗浴能“三天下地，七天干活”；艾纳香叶片烘烤后敷贴受伤皮肤表面，可加速愈合且不会留疤；在海南高温高湿的环境里，黎族人嚼食艾纳香叶片来祛除口臭、降火、防口腔溃疡；当地妇女生完孩子后用艾纳香洗浴，可以防治产后风。

巴戟天

Morinda officinalis F. C. How

扫描二维码
了解更多

一 植物档案

巴戟天别称巴戟、大巴戟、鸡肠风，为茜草科巴戟天属多年生藤本植物。产于我国福建、广东、海南、广西等省（自治区）的热带和亚热带地区，中南半岛也有分布。巴戟天与槟榔、益智、砂仁并称为“四大南药”。巴戟天是滋补类代表性药材，可与人参相媲美，民间常有“北有人参，南有巴戟天”一说。两广（广东、广西）及海外，巴戟天煲的汤，是冬令滋补佳品。在广东德庆、高要等地，巴戟天除了药用外，还有其他多种用途。2012 年，高要巴戟天获得国家“道地药材”认证，2015 年入选广东肇庆市十大“名特优新”农产品。2015 年 12 月，

高要巴戟天经国家市场监督管理总局〔2015年〕第143号公告批准实施保护，入选“中华人民共和国地理标志保护产品”。在海南，巴戟天的种植与运用也越来越受到重视。

二 植物有故事

传说在很久以前，深山中有一位老山民因长期奔波劳碌，饱受风吹日晒、雨淋、潮寒等侵袭，积劳成疾，腰背部常发生痹痛。一日午时，一位仙人恰巧路过此地，见其卧床呻吟，便问其原因。山民告知病况，仙人便在其住处附近寻了几味中草药，捣烂调好后在山民腰部敷上，对他说：“此药可暂时缓解疼痛，但未可断根，明天你将我采挖的药与鸡肠风煲熟食用，才能药到病除。”临别时，仙人还将附近鸡肠风的生长地也告诉了山民。山民忙感谢仙人并问其高姓大名，仙人说自己叫李巴德，然后便飘然而去。之后，山民按照仙人的嘱咐服药，果然痊愈了，于是，他便将此事告知附近其他山民，大家按方服用均有效果。为感谢仙人赐药解患之恩，当地便将鸡肠风命名为——巴戟，即巴戟天。虽然我们都知道“传说”中的仙人并不存在，但巴戟天在“仙人赐药”的神话背景下似乎更具神秘之美了。

裸花紫珠

Callicarpa nudiflora Hook. et Arn.

一 植物档案

裸花紫珠别称节节红、白花茶、饭汤叶，为唇形科紫珠属灌木至小乔木。花为紫色或粉红色，果实近球形，红色，干后变黑色。产海南、广东、广西，印度、越南、马来西亚、新加坡也有分布。目前，在五指山腹地的白沙、保亭等地已实现野生变家种。“紫珠”一词，最早出现于唐代陈藏器的《本草拾遗》中，但按图索骥，其应为“紫荆”。到 20 世纪 50 年代，因海南黎族土医广泛使用，才以“裸花紫珠”命名，后《中华本草》以“赶风柴”收录，直到 2010 年版《中华人民共和国药典》中，因其成药使用广泛，再次以“大叶紫珠”和“裸花紫珠”分别收录。裸花紫珠以其干燥叶入药，具有止血止痛、散瘀消肿的功效，治外伤

出血、跌打肿痛、咯血、肠胃出血等病症，《中国民族药志要》记载裸花紫珠：全株治便血、呕血、跌打损伤、百日咳（不用叶），是一种良好的止血药。裸花紫珠因其功效独特，副作用和耐药性小，引起科研机构和医药企业极大关注，甚至进入国家“十二五”科技攻关课题，开发出成药如裸花紫珠片、分散片、胶囊和栓剂等，深受人们欢迎。

二 植物有故事

相传，在中世纪，欧洲各国之间不断爆发战争，军队伤亡惨重。一天，一名士兵无意之中发现，马受伤后会咀嚼一种开着紫色花的植物叶片。他将植物采回，将其磨碎后敷在流血不止的伤口上，竟可将血止住，于是便上报首领。后来，该植物被军队用作止血药，慢慢流传至民间。因其开着紫色的花，结着紫红色如珠子般圆润的果实，被人们称作紫珠。此外，在那个相信疾病是来自巫女诅咒的年代，人们也会把它放在床头，相信它的神力能解除魔咒。神话传说给紫珠镀上了神秘而浪漫的色彩，却也从侧面说明了其极高的药用价值和研究价值。

砂仁

Amomum villosum Lour.

扫描二维码
了解更多

一 植物档案

砂仁别称春砂、春砂仁、阳春砂仁，为姜科豆蔻属多年生草本植物。产于我国福建、广东、广西、云南，栽培或野生于山地阴湿之处。其茎散生，根茎匍匐地面，蒴果椭圆形，熟时紫红色，干后褐色，表面有不分裂或分裂的柔刺。砂仁与槟榔、巴戟天、益智并称为“四大南药”，以广东阳春产的品质最佳，故名“阳春砂”。砂仁始载于唐代甄权的《药性论》：“缩砂密出波斯（今伊朗），味苦辛。”入药主治脾胃气滞，宿食不消，腹痛痞胀，噎膈呕吐，胎动不安。砂仁观赏价值较高，初夏可赏花，盛夏可观果。砂仁作为药食两用药材，可配合其他香辛料用于调味，民间也常将其制作成砂仁糕，可调脾胃，是醒脾和胃、祛湿安胎要药，《本草汇言》中有注：“砂仁，温中和气之药也。若上焦之气梗逆而不下，下焦之气抑遏而不上，中焦之气凝聚而不舒，用砂仁治之，奏效最捷。”砂仁叶精油亦可入药，但用量有异。除药用外，砂仁亦广泛应用于食品领域，以砂仁为原料的春砂可乐、春砂仁蜜、春砂仁酒、春砂仁凝胶软糖等食品进入大众视野，在品尝这些食品之余，还可以受益于其保健养生的功效。在现代科学技术发达的今天，人们的膳食由单一化转向多样化、营养化发展，在这种背景下，大力开发具有保健功能的砂仁食品具有广阔的市场前景。

二 植物有故事

传说很久以前，广东西部的阳春县（今阳春市）发生了一次范围较广的牛瘟，全县境内方圆数百里的耕牛，一头头地病死，唯有蟠龙金花坑附近村庄一带的耕牛没有发瘟，而且每头牛都强健力壮。当地几个老农感到十分惊奇，便召集这一带牧童，询问他们每天在哪一带放牧，牛吃些什么草。牧童们纷纷争着说："我们全在金花坑放牧，那儿生长的一种叶子散发出很浓的香味、根部发达、结果实的草，牛很喜欢吃。"老农们听后，就和他们一同来到金花坑，看见那里漫山遍野生长着这种草，将其连根拔起，摘下几粒果实，放口中嚼之，一种包含了香、甜、酸、苦、辣等多种味道的全新感受，让人感觉十分舒畅。大家品尝了以后，觉得这种草既然可以治牛瘟，可能也能治人病，所以就挖了这种草带回村中。一些因受了风寒引起胃脘胀痛、不思饮食并连连呕吐的人吃了后，病情好转。后来人们又将这种草移植到房屋前后，进行栽培，久而久之，它就成为一味常用的中草药了，传说这就是"砂仁"的由来。

槟榔

Areca catechu L.

一 植物档案

槟榔别称宾门、大腹子、槟榔子，为棕榈科槟榔属常绿植物。茎直立，乔木状，高 10 多米，最高可达 30 米，有明显的环状叶痕。叶簇生于茎顶，长 1.3 ~ 2 米，羽片多数。槟榔是典型的热带植物，喜高温、雨量充沛湿润的气候环境。在我国以海南栽培较多，广东、广西、云南等省（自治区）有零星种植。槟榔果皮、种子、花均可入药。据统计，以槟榔入药的中药有 200 多种，2015 年版《中华人民共和国药典》中含槟榔的中成药 51 种。槟榔的种子具有杀虫、消积、行气、利水功效；果皮具有下气、宽中、行水肿功效；花具有芳香健胃、清凉止渴功效。槟榔茎干高直挺拔，亭亭玉立，是较好的园林观赏植物。

二 植物有故事

槟榔果实可食，在万宁、陵水、三亚等地，吃槟榔已成为重要习俗。槟榔切片后蘸上佐料，细咀慢嚼，醇味醉人，吃后脸红耳赤，正如苏东坡即兴写的“两颊红潮曾妩媚，谁知侬是醉槟榔”诗句所描述的那样。逢年过节以及求婚、定亲和办喜事，槟榔更是不可缺少。在黎族，男女定亲之日，男方都要给女方送一篮槟榔作为信物。

关于槟榔的起源还有一个十分浪漫的传说。说的是，有一位湖南官员被贬至海南万宁，终日郁郁不得志。某日该官员于槟榔林中徘徊，遇到了槟榔仙子幻化成的美貌女子，两人情投意合，遂结为良缘。后来，官员调任湘潭，时逢瘟疫，槟榔仙子不忍心看到百姓受苦，便幻化成槟榔果，让民众嚼食，吃了槟榔的湘潭人没有一个染上瘟疫，百姓在槟榔仙子的帮助下渡过劫难，官员也因此再获重用。

还有一个传说。相传清朝咸丰年间，湘军统率曾国藩在湖南湘潭与太平军会战，双方死伤较多，加上天气炎热，导致瘟疫盛行，湘潭城内一名老中医从医书上了解到槟榔有驱虫、避秽（现在的说法是杀菌）的作用，遂以槟榔果、卤水、饴糖、桂子油加工制成口嚼槟榔，以达到抗瘟疫的目的，食之果然见效，于是大家纷纷效仿。

姜黄

Curcuma longa L.

一 植物档案

姜黄别称黄姜、姜黄子、宝鼎香，为姜科姜黄属多年生宿根草本植物。东亚及东南亚广泛栽培，我国台湾、海南、福建、广东、广西、四川、云南、西藏等地亦广泛栽培。姜黄以根茎入药，具有破血行气、通经止痛的功效，为常用传统中药，也是重要的药食同源植物，已有四千多年的应用历史。姜黄主要活性成分为挥发油和姜黄素类化合物，其中姜黄素是中药姜黄的主要成分，有重要的经济价值和广泛的药理作用，在降血脂、抗炎、抗氧化、抗动脉粥样硬化、保护心脑血管系统、调节消化系统等方面有一定的作用，是防癌抗癌、抗衰老、延年益寿的天然佳品，广泛用于食品、制药、日用化学品、烟叶、饲料、油漆工业等领域，市场需求量大。

二 植物有故事

姜黄主要成分为姜黄素类化合物。其中姜黄素有很强的光毒性反应。pH ≥ 8时，姜黄素会由黄变红色。在科学知识匮乏的古代，一些巫师利用这个现象来表演捉鬼骗人钱财：他们首先采用姜黄水（含姜黄素）来浸泡黄色的草纸，待草纸干燥后备用。在道场上表演捉鬼时，用木剑左砍右砍，此时砍在纸上，纸上看不出异常。到表演高潮时，巫师会画一道符，烧了之后丢入一碗水中，将此草木灰水（碱性）涂抹在剑上，挥剑砍去，这时，草纸上的姜黄素遇到了碱水，立即显示出一道类似于血迹的红色，于是巫师就说把鬼砍死了。而在中国南方地区，每年的中元节，一些民众会在家门口用新鲜姜黄往门上涂抹一圈，据说这样可以辟邪。

鸦胆子

Brucea javanica (L.) Merr.

一 植物档案

鸦胆子别称苦参子、老鸦胆、鸦蛋子，为苦木科鸦胆子属灌木或小乔木。产于我国福建、台湾、广东、广西、海南、云南等省（自治区），亚洲东南部至大洋洲北部也有。其嫩枝、叶柄和花序均被黄色柔毛。叶长 20 ~ 40 厘米；小叶卵形或卵状披针形。全株密被淡黄色茸毛，核果长卵形或椭圆形，成熟时黑色，干后外果皮皱缩成网纹状。鸦胆子为本土南药，始载于《生草药性备要》，性寒，味苦，有毒，具有清热解毒、燥湿、止痢、截疟、腐蚀赘疣之功，用于热毒血痢、冷积久痢、各型疟疾及鸡眼赘疣等治疗。

二 植物有故事

鸦胆子药用历史悠久，民间流传着其神奇药效的故事。传说，有一户人家有两个孩子。男孩手掌上长了个粗糙的瘊子，像黄豆一样大。女孩手背上也长了好多个瘊子，中间的一个特别大，周围都是小的。婆婆说："孩子们长刺瘊了。孙子手上的是公瘊；孙女长的是母瘊，中间大个的是母的。"于是，婆婆到药铺买了鸦胆子和独角莲膏药。敲开鸦胆子的硬壳，取出种仁，捣碎后敷在刺瘊上，再用独角莲膏药把鸦胆子碎末固定。她说："刺瘊腐烂会有灼烧的疼痛感，要忍住，7 天后揭下膏药就好了。"7 天后，如期揭下膏药，孙子的刺瘊果真脱落了，孙女的"母瘊"脱落后，小瘊也陆续脱落了。

红葱

Eleutherine bulbosa (Mill.) Urb.

一 植物档案

红葱别称小红蒜、红葱头，为鸢尾科红葱属多年生草本植物。产于阿根廷、玻利维亚、巴西、哥伦比亚、古巴、厄瓜多尔、海地、秘鲁、委内瑞拉等国，在亚洲、欧洲等地均有种植，我国海南、云南、广西等地已有种植。其鳞茎卵圆形，紫红色，径约2.5厘米。根柔嫩，黄褐色。叶窄卵形或宽披针形；伞状聚伞花序，花白色。红葱在我国的粤菜、客家菜，以及泰国菜烹调中均是重要的增香食材之一。红葱味苦，性凉，具有清热解毒、活血散瘀、消肿止痛、止血等功效，是民间常用的草药，其鳞茎或全草均可入药，临床上应用广泛。

二 植物有故事

红葱食用和药用历史悠久，民间流传着其神奇药效的故事。从前村里有一个人，他经常觉得胸闷难受，隐隐有些痛，去就医，医生让他检查一下，那人担心治病要花很多钱就走了。因为穷，平时去地里挖到什么他就吃什么，这天他就挖到了一把红葱头，他想，要是能加上一点肉炖汤一定很好喝，再一想好像村里的富户今天要杀猪，那家人不吃内脏，看看能不能讨点猪心。他运气不错，讨到了半个猪心，他用那半个猪心，就着红葱炖汤吃了几顿，渐渐他发现自己不再胸闷疼痛了，于是这个土方子就在村里流传了下来。

半边莲

Lobelia chinensis Lour.

一 植物档案

半边莲别称细米草、瓜仁草、急解索，为桔梗科半边莲属多年生草本植物。产于我国长江中、下游及以南各省（自治区），印度以东的亚洲其他各国也有分布。其茎细弱，匍匐，节上生根，分枝直立，高 6 ~ 15 厘米，无毛。叶互生，无柄或近无柄，椭圆状披针形至条形；花冠粉红色或白色，蒴果倒锥状。半边莲全草可供药用，含多种生物碱，主要为山梗菜碱、山梗菜酮碱、异山梗菜酮碱、山梗菜醇碱。有清热解毒、利尿消肿之效，常用于治疗毒蛇咬伤、肝硬化腹水、晚期血吸虫病腹水、阑尾炎等。

二 植物有故事

《本草纲目》有云："治蛇虺伤，捣汁饮，以滓围涂之。"说的就是半边莲可以解蛇毒的功效。半边莲在开花时，小花紫白，素素净净，其叶形似莲而又破裂见半，所以名为半边莲。自身"残缺"，却可疗他人之蛇患及其他无名肿毒，具有解毒的功效，因此被称为君子之草。

半边残缺，却残得独异其美，残得"完整"。乡间有云："识得半边莲，可以伴蛇眠"，以"残缺"之身，却可疗他人之疾，能不是一种大美之草、"君子"之草吗？

催吐萝芙木

Rauvolfia vomitoria Afzel.

扫描二维码
了解更多

一 植物档案

催吐萝芙木别称萝芙木，为夹竹桃科萝芙木属灌木。原产热带非洲，我国海南、广东、云南等地有栽培。。催吐萝芙木的根可提取利血平生物碱，治高血压；茎皮可治高热、消化不良、疥癣；乳汁可治腹痛，并作泻下药，但用时应根据病情适当掌握，不可过量。

二 植物有故事

1952 年，印度学者从萝芙木根粗提取物中分离出主要的生物碱利血平，并证明其是降血压的主要活性成分。20 世纪 50 年代末，中国和印度的边界争端也影响了双方的贸易。当时，印度是萝芙木原料药出口的主要国家，治疗高血压的蛇根木被其垄断，禁止销往中国。我国于是开展了萝芙木类植物资源的调查和研究，我国科学家从海南、云南等地找到了萝芙木属的另一种植物“催吐萝芙木”，生产出的降压药“降压灵”，替代了印度进口降压药——寿比南。

穿心莲

Andrographis paniculata (Burm. F.) Nees

扫描二维码
了解更多

一 植物档案

穿心莲别称一见喜、金香草、榄核莲，为爵床科穿心莲属一年生草本植物。产于印度、斯里兰卡，我国海南、福建、广东、广西、云南等地常见栽培。其茎下部多分枝，节膨大；叶卵状矩圆形至矩圆状披针形；总状花序顶生和腋生。传统中医理论认为其具有清热解毒、凉血、消肿的功效，可用于感冒发热、咽喉肿痛、口舌生疮、顿咳劳嗽、泄泻痢疾、热淋涩痛、痈肿疮疡、蛇虫咬伤等。现代药理研究证明其具有一定的抗炎、抗菌、抑制肿瘤、抗病毒、保护心血管、降糖、抑制血小板聚集、保肝等功效。研究表明穿心莲中含有二萜内酯类、黄酮类、苯丙素类、环烯醚萜类、生物碱等成分，质控成分主要为穿心莲内酯和脱水穿心莲内酯。

二 植物有故事

明代时，我国沿海一带不断受倭寇侵犯。一次，边境又有大批倭寇来犯，人们踊跃参战保家卫国。其中有一对刚结婚的小两口——传奇、心莲夫妇，他们和传奇的妹妹传花住在一起。传奇血气方刚，踊跃报名参军。三年后，队伍凯旋，可姑嫂日夜盼来的不是哥哥而是一罐骨灰，心莲哭晕了一回又一回，不久抑郁而终。只剩小姑传花孤苦伶仃，每隔一段时间传花都要到哥嫂坟前述说心里的苦闷，第二年春天，哥嫂的坟头长满了绿绿的开着小紫花的小草。一天，传花梦到嫂子抚摸着自己的头说："别怕，哥嫂永远都在你的身边，以后你就用坟头的这小草给乡亲们治病吧，它可以消炎消肿止痛。"梦醒后，传花清晰记得梦里嫂子说的话，于是便用这种小草为乡邻治病，还真的药到病除。

乌檀

Nauclea officinalis (Pierre ex Pitard) Merr. et Chun

扫描二维码
了解更多

一 植物档案

乌檀别称胆木、药乌檀、山荔枝，为茜草科乌檀属乔木。产于海南、广东和广西中等海拔地区的森林中，为我国重点保护的珍稀野生植物物种，民间称其为胆木更常见。其叶对生，叶片椭圆形；头状花序单个顶生，圆球形。乌檀以茎干及根入药，质坚硬，气微味苦，以色鲜黄、味苦者为佳。作为药用植物，胆木这个名字更为人所知。胆木为海南特色黎药，收载于《黎族医药》，具有清热解毒、消肿止痛的功效，用于治疗感冒发烧、肺炎、乳腺炎、泌尿系统感染、肠炎、胆囊炎等，外用可治疗痈疖脓肿。生物碱是胆木的特征性成分，也是其主要的活性成分。胆木功效显著，目前已被开发成多种中成药，其中胆木浸膏糖浆是《国家基本医疗保险、工伤保险和生育保险药品目录（2019 年版）》中的乙类药品。

二 植物有故事

胆木在海南黎族有悠久的用药历史，是海南省传统黎药重点研究药材之一。从前，在一个黎族的村庄里，有一家的孩子突然长了很多红疹，又痒又疼，一抓就破，病情越来越严重了，试了很多药都没有治好。一天，碰到一个黎族阿婆说山上有种很苦的大树，用它的木枝煮水洗澡，就能好了。于是，阿婆带着小孩的家人去山上采了些胆木的茎枝回来煮水，洗了几天，果然小孩身上一点也不痒了，红疹都下去了。

Nauclea officinalis (Pierre ex Pitard) Merr. et Chun　乌檀

火炬姜

Etlingera elatior (Jack) R. M. Sm.

扫描二维码
了解更多

一 植物档案

火炬姜别称菲律宾蜡花、瓷玫瑰，为姜科茴香砂仁属多年生大型草本植物。我国栽培一般株高仅2～5米。其叶互生，披针形，叶长30～60厘米，宽15厘米左右，叶色深绿且叶片光滑有光泽。穗状花序头状或卵形，从根茎抽出，花序梗延长成狭圆锥状。花上部唇瓣金黄色，十分妖娆艳丽，又似含苞待放的玫瑰，故又名瓷玫瑰。火炬姜原产印度尼西亚、马来西亚、泰国等地，我国海南、广东、福建、云南等地有引种栽培。火炬姜是一种优良园林花卉，主要用于庭园绿化美化和鲜切花生产。

二 植物有故事

火炬姜在原产地株高可达10米以上，花色艳丽、花形优美，是一种极具观赏价值的高档花卉。其花若全部开放，有碗口大小，宛如火红的莲花。其苞片革质肥厚，保水能力强，不易失水，可以在相当长的时间内保持娇艳，较适宜用作高档切花。其花花期较长，可用作大型盆栽供室内观赏。除了好看，火炬姜还可以食用，它含有许多优良的抗氧化剂，切开花蕾，有一种类似柑橘的清甜和胡椒的淡香，因此其花经常被用作一些菜肴的配料，如椰浆饭、色拉、米粉等，使用火炬姜的花瓣可赋予菜肴一种独特的香气。火炬姜的花期很长，在花篮中，它的地位往往很突出，可以作为主打花卉。

Etlingera elatior (Jack) R. M. Sm.　火炬姜

中央级公益性科研院所基本科研业务费专项（项目名称：特色热带植物创新文化研究，项目编号：1630012022015）和国家大宗蔬菜产业技术体系花卉海口综合试验站专项资金（CARS-23-G60）资助